Heidi Grund-Thorpe

MARITIME DEKO-IDEEN

Heidi Grund-Thorpe

Maritime Deko-Ideen

Für drinnen und draußen · Einfach selber machen
Mit Motiven und Vorlagen

Augustus Verlag

Vorwort

Sonne, Sommer, Wind und Meer – das sind Worte, bei denen jeder ins Schwärmen kommt.
Die Erinnerungen an den letzten Urlaub, an das Rauschen des Meeres, an den leicht salzigen Geruch und an den Sand zwischen den Füßen lassen uns im Alltag neue Energie tanken.
Liegt es da nicht nahe, sich auch zu Hause mit Dingen zu umgeben, die die Stimmung am Meer widerspiegeln?
Als ich mit den Bastelarbeiten für dieses Buch fast fertig war, und alle Möbelstücke, Bilderrahmen, Kissen und Vorhänge nebeneinander in meinem Arbeitszimmer standen, kam ich richtig in Urlaubsstimmung – und das mitten im Winter bei Temperaturen um den Gefrierpunkt! Neben den kleinen Urlaubsmitbringseln ist es vor allem die Farbkombination von Blau und Weiß, manchmal mit einem Schuß Rot, die die Stimmung von Meer und Strand vermittelt.
Meist reichen schon Kleinigkeiten, um Atmosphäre zu schaffen: Einige Bilderrahmen an der Wand, dazu ein paar Windlichter und Kerzen, und schon ist die maritime Ecke perfekt.
Die gezeigten Techniken sind sehr vielseitig, so daß der Heimwerker, die Nähanfängerin oder der Stickfan, aber auch Kinder etwas damit anfangen können. Da alles sehr ausführlich erklärt wird, können Sie sich auch ruhig an etwas Neues wagen.

Ich wünsche Ihnen viel Freude beim maritimen Wohnen!

Inhalt

Textiles mit maritimem Flair

Bettwäsche für Seebären

So wird's gemacht

Bettbezug

(138 x 200 cm)
Den blauen Stoff für das Unterteil der Vorderseite 182 x 140 cm, den blau-weiß gestreiften für das Oberteil 52 x 140 cm und den weißen 202 x 140 cm groß zuschneiden (inkl. 1 cm Nahtzugabe).

Jeweils eine Schmalseite des gestreiften und des blauen Stoffes erst 1 cm, dann noch einmal 10 cm auf die linke Stoffseite bügeln und schmalkantig entlang des Bügelbruchs steppen. Zwischen Bruch und Stepplinie mittig Ösen nach der Zeichnung auf Seite 8 einschlagen.

Ober- und Unterteil links auf rechts aufeinanderlegen, so daß die Ösen deckungsgleich übereinanderliegen. Beide Teile von den Längsseiten her je 20 cm weit aufeinandersteppen.

Die Vorderseite rechts auf rechts auf die weiße Rückseite legen und den Bettbezug rundum 1 cm breit aufeinandersteppen. Zum Schluß die Stoffkanten mit Zickzackstich versäubern. Den Bezug wenden und die Kanten ausbügeln.

Zum Schluß die Baumwollkordeln durch die Ösen ziehen, die als Verschluß dienen.

Material

Die Längenangaben in cm beziehen sich auf 140 cm breite Baumwollstoffe.

Bettbezug
190 cm mittelblau
210 cm weiß
60 cm blau-weiß gestreift
je 1,1 m weiße und blaue Baumwollkordel
14 Messingösen mit 14 mm Ø

Kopfkissen
80 cm weiß
75 cm blau-weiß gestreift
4 Wäscheknöpfe

Kleines Kissen
45 cm mittelblau
30 cm weiß
Reststück blau-weiß gestreift
3 Wäscheknöpfe

Nackenrolle
60 cm mittelblau
30 cm weiß
Reststück blau-weiß gestreift
je 1,1 m dicke und dünne weiße Baumwollkordel
Schaumstoffrolle 50 cm lang, 16 cm Ø

Weißer und blauer Nähfaden

Werkzeug

Schere
Maßband
Nähmaschine
Bügeleisen

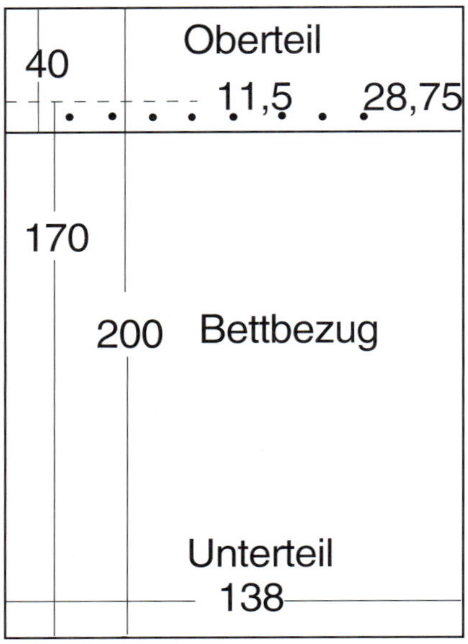

Großes Kissen
(80 x 80 cm)
Für die Vorderseite aus dem weißen Stoff ein Teil 62 x 62 cm und zwei Teile für die Rückseite, 62 x 47 cm und 62 x 25,5 cm, zuschneiden. Aus dem gestreiften Stoff für die Blende vier Streifen à 22 x 72 cm zuschneiden.

An jeweils einer Querkante für die Kissenrückseite den Stoff erst 1 cm, dann noch einmal 3 cm auf die linke Seite schlagen und bügeln. Beide Bruchkanten schmal feststeppen. In die versäuberte Kante der 44 cm langen Rückseite 4 Knopflöcher mit je 11 cm Abstand zu den Seitenkanten und je 10 cm zueinander einnähen. Die Rückseiten links auf rechts entlang der versäuberten Kanten übereinanderlegen: Dabei kommt die Knopflochseite oben zu liegen. Von beiden Seitenkanten her die Knopflochblende 5 cm breit aufeinandersteppen.

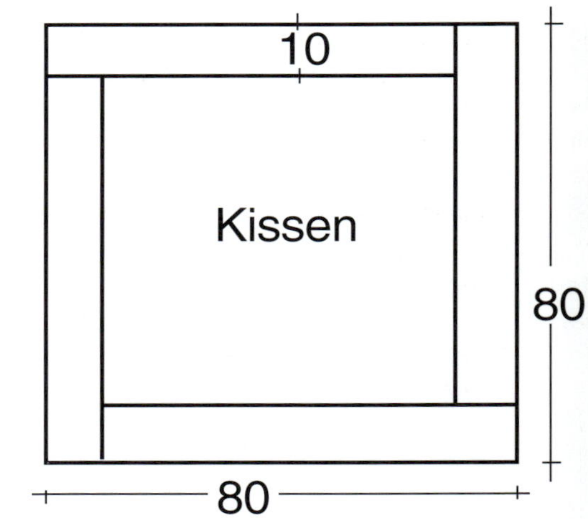

Die Blendenstreifen einzeln längs links auf links legen und den Bruch bügeln. Anschließend die Blendenstreifen wieder aufklappen. Die Streifen längs rechts auf rechts legen und an einer Querkante 1 cm breit aufeinandersteppen. Die Stoffkanten versäubern, wenden und bügeln.

Die offene Querkante eines Streifens so rechts auf rechts um das genähte Ende des nächsten Streifens legen, daß die Steppnaht in der Bügelkante liegt. Die Querkante 1 cm breit auf den Streifen steppen. Alle Enden der Blendenstreifen so zusammennähen, daß sich am Schluß ein Rahmen ergibt.

Eine Kante der Vorderseite links auf links auf eine Kante der Blende legen und mit Nadeln feststecken. Die Naht 1 cm breit steppen, dabei am Anfang und am Ende 1 cm offenlassen. Anschließend die anderen Blenden- und Vorderseitenkanten nacheinander aufeinanderstecken und genauso nähen.

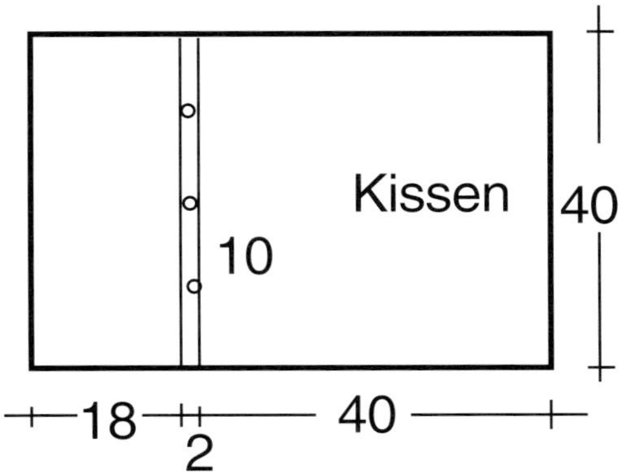

Die Rückseite wird entsprechend gearbeitet. Stoffkanten mit Zickzackstich versäubern. Die Nähte zur Blende hin bügeln. Das Kissen wenden und von der rechten Seite bügeln. Abschließend die Knöpfe an der Knopflochblende auf der Rückseite annähen.

Kleines Kissen

(60 x 40 cm)

Aus dem weißem Stoff zwei Teile à 21 x 42 cm und aus dem blauen zwei Teile à 41 x 42 cm zuschneiden. Für die quergestreifte Blende, die auf der Rückseite als Verschluß gearbeitet wird, zwei Streifen à 62 x 6 cm und einen Streifen à 4 x 62 cm im schrägen Fadenlauf zuschneiden.

Den 4 cm breiten Streifen rechts auf rechts auf ein blaues Kissenteil legen und 1 cm breit steppen, die andere Kante auf den weißen Stoff legen und ebenfalls 1 cm breit steppen. Die Kanten versäubern und zu der weißen bzw. blauen Stofffläche hin bügeln.

Für die Knopflochblende auf der Rückseite die beiden 6 cm breiten Streifen längs links auf links zur Hälfte falten und den Bruch bügeln. Die gebügelten Streifen mit den offenen Kanten jeweils an die Kante des blauen bzw. weißen Kissenrückteils rechts auf rechts legen und 1 cm breit steppen. Die Schnittkanten versäubern und zu den Rückteilen hin bügeln. In die Knopflochkante am weißen Kissenteil drei Knopflöcher einarbeiten. Die Knopfblenden bündig rechts auf links legen, dabei kommt die Kante mit den Knopflöchern oben zu liegen. Von den Seitenkanten her 3 cm weit aufeinandersteppen.

Kissenvorder- und Rückteil links auf links aufeinanderlegen, dabei darauf achten, daß sich die vorder- und rückseitigen Blendenstreifen an den Seitennähten genau treffen. Die Teile nun rundum 1 cm breit aufeinandersteppen und die Schnittkanten versäubern. Das Kissen wenden und bügeln.

An die entsprechende Knopfblende auf der Rückseite Knöpfe annähen.

Nackenrolle

(50 x 16 cm)

Aus dem blauen Baumwollstoff ein 62 x 62 cm großes Quadrat, aus dem weißen zwei Teile à 25 x 52 cm sowie zwei blau-weiß gestreifte Streifen à 52 x 4 cm zuschneiden. Die Baumwollkordel in zwei gleich lange Teile schneiden.

Für die Keder die dünne Kordel in die Mitte der längs gefalteten blau-weißen Stoffstreifen legen. Achtung: Die Streifen nur falten, nicht bügeln, denn die Kordel soll möglichst „rund" in den Stoff eingenäht werden. Das Reißverschlußfüßchen an der Nähmaschine befestigen und ganz dicht neben der Kordel den Streifen absteppen.

Die weißen Stoffteile jeweils rechts auf rechts auf die gegenüberliegenden Seiten des blauen Quadrats legen. Die Keder zur blauen Stoffmitte hin zwischen den blauen und den weißen Stoff legen. Mit dem Reißverschlußfüßchen dicht neben der Kordel alle Stofflagen aufeinandersteppen.

Die weißen Stoffkanten zweimal je 1 cm auf die linke Seite umlegen und bügeln. Die Nahtzugaben schmalkantig feststeppen. Den Bezug entlang der Längskanten links auf links aufeinanderlegen und 1 cm breit steppen, anschließend die Schnittkanten versäubern. Alle Nähte bügeln und den Bezug wenden. Jetzt nur noch die Schaumstoffrolle in den Bezug stecken und die Enden mit der dicken Kordel zubinden.

Tischdecke mit Fischschwarm

Material

Dunkelblauer Baumwollstoff, Länge und Breite dem Tisch entsprechend, oder fertige Tischdecke
Weiße Stoffarbe
2 m Hanfseil, 1 cm dick
2 Holzbrettchen, 16 x 20 cm
Klebstoff
Nähfaden

Werkzeug

Bleistift
Maßband
Nähmaschine
Pinsel

So wird´s gemacht

Den Baumwollstoff rundum zweimal je 1 cm auf die linke Stoffseite klappen und bügeln. Rundum schmalkantig feststeppen.

Fische wie in der nebenstehenden Abbildung auf die beiden Holzbrettchen zeichnen: Der größere Fisch sollte rund 15 cm, der kleinere etwa 12 cm lang sein. Die Konturen nun dick mit Klebstoff einstreichen und entsprechend lange Stücke Hanfseil auflegen und fest andrücken.

Wenn der Kleber absolut trocken ist, die weiße Stoffarbe mit dem Flachpinsel auf den Hanfseilstempel auftragen. Anschließend den Fisch mit Kraft auf den Stoff drucken. Auf der Tischdecke soll der Schwarm von einer Ecke zur anderen ziehen, deshalb wird die Blickrichtung der Fische beibehalten. Dabei für ausreichend Abwechslung der Fischtypen sorgen. Den Stempel nach jedem Druckvorgang erneut mit Stoffarbe einstreichen.

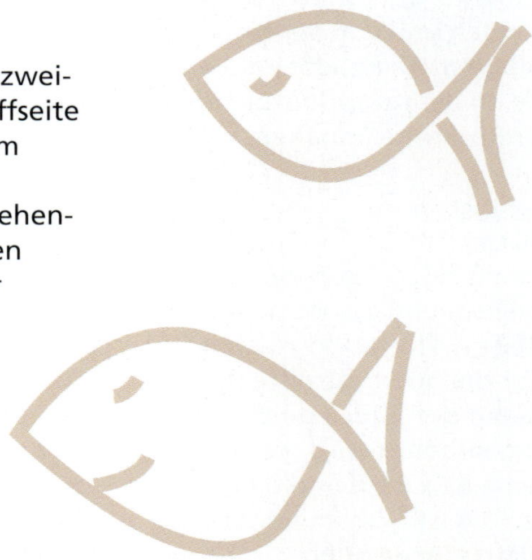

Weiße Servietten sind eine perfekte Ergänzung zu dieser Tischdecke, wenn sie mit einer verkleinerten Fischform in Blau bedruckt werden. Für die kleinere Form eignet sich ein dünneres Seil besser, da es sich leichter der Kontur anpaßt.

Bemalte Leinenkissen

So wird´s gemacht

Kissen mit Stehsaum
(40 x 40 cm Innenmaß)
Aus dem weißen Leinenstoff die Vorderseite (42 x 42 cm) sowie zwei Teile für die Rückseite à 23 x 42 cm und aus dem Baumwollstoff vier „quergestreifte" Blendenstreifen à 52 x 20 cm zuschneiden.

Nach der Vorlage auf dieser Seite je eine der beiden Möwen auf ein DIN-A3-Blatt zeichnen. Wenn die richtige Form gefunden ist, die Konturen mit Schneiderkopierpapier auf die Stoffvorderseite übertragen und mit Stoffmalfarbe ausmalen. Die Farbe nach dem Trocknen durch Bügeln von der linken Seite fixieren.

Alle vier Blendenstreifen werden nun so zusammengenäht, daß ein Rahmen entsteht. Dazu die Blendenstreifen längs links auf links falten und bügeln. Mit dem Geodreieck an den Enden vom Bruch zu den offenen Kanten hin einen 45-Grad-Winkel anzeichnen und abschneiden. Die Streifen auseinanderfalten, je zwei Enden aufeinanderlegen und 1 cm breit zusammensteppen, dabei an Anfang und Ende je 1 cm der Naht offenlassen. Die Nahtzugaben in den Ecken auseinanderbügeln und die Blende wenden.

Die 42 cm breiten Kanten der beiden Kissenrückteile übereinanderlegen und eine 2 cm breite Naht steppen, dabei nach 6 cm die Stichweite so lang wie möglich einstellen. 6 cm vor Nahtende wieder die enge Stichlänge einstellen. Die Kanten einzeln versäubern und die Naht auseinanderbügeln. Den Reißverschluß mittig unter den Nahtbereich mit der großen Stichlänge legen und feststecken. Mit dem Reißverschlußfüßchen von der rechten Seite her mit 0,5 cm Abstand zur Mittelnaht rundum einnähen. Mit einem Trennmesser die Naht über dem Reißverschluß öffnen. Die Kissenvorderseite rechts auf rechts auf die Kissenrückseite legen. Den Blendenrahmen mit den Bruchkanten zur Kissenmitte hin zwischen Vorder- und Rückseite legen und alle Lagen feststecken. Die Naht rundum 1 cm breit nähen. Kanten versäubern, wenden und bügeln.

Kissen mit Windrose
(40 x 40 cm)
Aus dem Leinenstoff eine Vorderseite 42 x 42 cm und zwei Rückseitenteile à 23 x 42 cm zuschneiden.

Auf die Vorderseite für die Windrose ein gleichschenkliges Kreuz mit 16 cm Armlänge und, um 45 Grad gedreht, ein Kreuz mit 14 cm langen Armen zeichnen. Aus den Kreuzen wie auf der Abbildung rechts einen Stern zeichnen und mit blauer und weißer Stoffmalfarbe ausmalen. Den Reißverschluß wie oben beschrieben einnähen.

Material

Kissen mit Stehsaum
70 cm gestreifter Baumwollstoff
45 cm weißer Leinenstoff (100 cm breit)
Reißverschluß, 30 cm lang

Kissen ohne Stehsaum
50 cm sandfarbener Leinenstoff (100 cm breit)
Reißverschluß, 30 cm lang

Stoffmalfarben (Schwarz, Weiß, Orange und Blau)
Nähfaden
DIN-A3-Zeichenpapier
Schneiderkopierpapier

Werkzeug

Geodreieck
Verschiedene Pinsel
Bleistift
Schere
Nähmaschine

Zum Schluß die Vorder- und Rückseite rechts auf rechts aufeinandernähen, versäubern und wenden.

Vorhang mit Muscheln

Material

Cremefarbener dünner Leinenstoff
Kleine Muscheln aus dem Dekoladen, ca. 1,5 bis 2 kg
Heiß- oder Stoffkleber
Nähfaden
Ast (vom Obstbaum)
Seil
2 Schraubhaken mit Dübel

Werkzeug

Maßband
Schere
Nähmaschine
Bohrmaschine, Bohrer
Evtl. Heißklebepistole

So wird´s gemacht

Damit der Vorhang schön fällt, sollte er etwa anderthalbmal so lang sein wie das Maß vom Boden bis zur Oberkante des Fensters; auch sollte er mindestens 140 cm breit sein.

Die untere Kante erst 1 cm, dann 5 cm auf die linke Seite schlagen und bügeln, anschließend feststecken und schmal absteppen.

Die obere und die seitlichen Kanten jeweils zweimal 1 cm auf die linke Seite schlagen, bügeln, mit Nadeln fixieren und schmal feststeppen.

Den so vorbereiteten Vorhang auf einer Wäscheleine straff mit Klammern fixieren. Die Muscheln aus dem Dekoladen nun auf dem Vorhang aufkleben. Ob Sie diese gleichmäßig verteilen, oder die Zahl der Muscheln nach oben hin verringern, bleibt Ihrem persönlichen Geschmack überlassen.

Werden die Muscheln mit Heißkleber befestigt, ist der Vorhang nicht waschbar. Verwenden Sie Stoffkleber, ist es möglich, den Vorhang später von Hand zu waschen. Jedoch muß dieser Klebstoff wesentlich länger trocknen.

Um den Ast an der Zimmerdecke zu befestigen, bohren Sie ca. 15 cm von der Wand entfernt zwei Löcher, in die Sie Dübel stecken und die Schraubhaken eindrehen. Zwei gleich lange Seilstücke jeweils zu einem Ring verknoten und in die Schraubhaken einhängen. Den Ast in die Seilschlingen schieben.

Eine der oberen Vorhangecken schräg über den Ast ziehen und diesen Zipfel mehrmals um den Ast wickeln. Die so entstandenen Falten in lockerem Fall ordnen.

Natürlich eignet sich auch eine einfache Vorhangstange aus Holz für diesen Vorhang. Er kann dann beispielsweise „glatt" mit Gardinenringen aufgehängt werden, dazu muß an der Oberkante ein Gardinenband aufgenäht werden. Mit Klipsen und Ringen läßt sich der Vorhang auch ohne Gardinenband an der Stange befestigen. Eine weitere, besonders dekorative Möglichkeit der Befestigung bieten Gardinenklammern. Dabei wird der Vorhang über die Stange drapiert und mit den Klammern festgesteckt. Solche Klammern lassen sich natürlich auch mit Muscheln bekleben.

Rucksäcke für Stadt und Strand

So wird´s gemacht

Rot-weißer Rucksack
(60 x 26 cm)
Den Frotteestoff für die Seitenwand 66 x 85 cm, für die Taschenklappe 26 x 17 cm und für die Tasche 22 x 26 cm groß zuschneiden (alle Angaben inkl. 1 cm Nahtzugabe). Für den Boden mit dem Zirkel einen Kreis von 28 cm Durchmesser auf Papier aufzeichnen und ausschneiden. Diese Schablone auf dem Stoff feststecken und einen entsprechenden Kreis ausschneiden.

Die Taschenklappe längs rechts auf rechts falten. Alle Kanten 1 cm breit steppen, dabei in der Mitte der Querseite einen kleinen Schlitz zum Wenden offenlassen. Klappe wenden und die Nähte bügeln. In den Schlitz die Enden eines 12 cm langen Kordelstücks stecken und mit einer Steppnaht gleichzeitig den Schlitz schließen und die Schlinge befestigen.

Die Kanten der Tasche 1 cm breit auf die linke Seite bügeln. Die obere Kante (die spätere Taschenöffnung) 1 cm breit absteppen. Die Tasche auf der Seitenwand feststecken und an den Seiten und unten schmalkantig aufsteppen. Mittig über der Tasche nun die Taschenklappe an der Oberkante feststeppen. 2 cm unter der Schlinge der Taschenklappe ein 20 cm langes Kordelstück auf der Tasche festnähen. Die beiden Enden der Kordel fest verknoten.

Die Längskanten der Seitenwand rechts auf rechts legen und steppen. Die Naht bügeln und wenden. An der Oberkante zwei senkrechte Knopflöcher (auf der Abbildung mit x markiert) einarbeiten. Die Oberkante anschließend 5 cm breit auf die linke Seite schlagen und 4 cm breit absteppen. Die Kordel durch die Knopflöcher in diesen Tunnel einziehen und die Enden verknoten.

Die Unterkante rechts auf rechts am Boden feststecken und rundum aufnähen. Den Rucksack wenden und die Seitenwand 3 mm breit auf dem Boden feststeppen, wieder wenden.

Blau-weißer Rucksack
(52 x 26 cm)
Für beide Blenden je 12 x 84 cm aus Waffelpikee zuschneiden. Die Seitenwand 49 x 83 cm groß zuschneiden, den Boden wie beim rot-weißen Rucksack aufzeichnen und zuschneiden.

Die Längskanten beider Blenden 1 cm auf die linke Seite bügeln, darüber hinaus die Ösenblende längs links auf links zur Hälfte legen und bügeln. Die untere Blende auf der Seitenwand feststecken und schmalkantig feststeppen. Die Ösenblende rechts auf rechts auf die Oberkante legen und 1 cm breit feststeppen. Anschließend die Seitennaht schließen. Die Ösenblende entlang der Bügelfalte auf die Innenseite klappen und schmalkantig feststeppen. Ösen einschlagen und die Kordel in die Ösen einfädeln. Den Boden wie beim rot-weißen Rucksack einnähen.

Material

Rot-weißer Rucksack
70 cm rot-weiß gestreifter Frotteestoff, 140 cm breit
1,8 m weiße Baumwollkordel

Blau-weißer Rucksack
60 cm blau-weiß gestreifter Frotteestoff, 140 cm breit
25 cm weißer Waffelpikee
1,5 m weiße Baumwollkordel
10 Messingösen mit 14 mm Ø

Werkzeug

Schere
Maßband
Nähmaschine
Zirkel
Papier

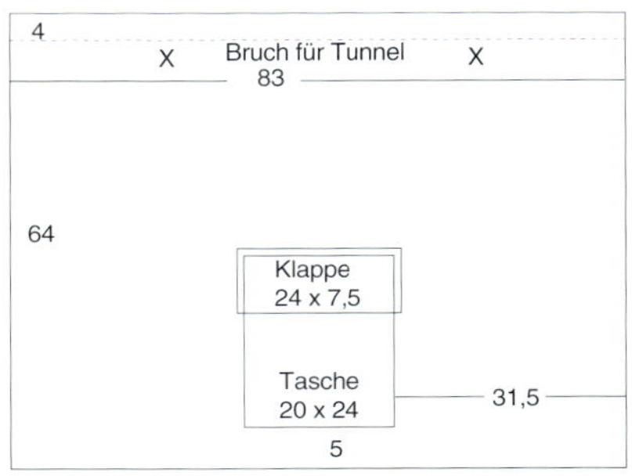

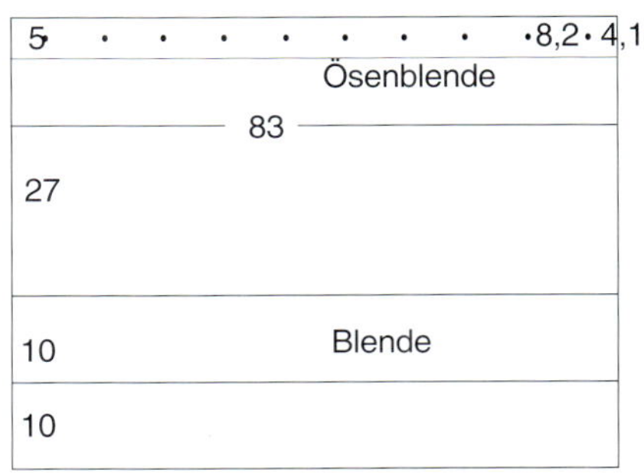

Handtücher mit Seemannsgarn

Material

Blaue und weiße Frottee-handtücher
Je Handtuch ca. 8 cm Stick-band mit 6–8 cm Breite
4-fädiger Sticktwist in Dun-kel-, Mittel- und Hellblau
5 mm dicke blaue Baumwoll-kordel, je Handtuch ca. 25 cm

Werkzeug

Sticknadel
Nähnadel oder Nähmaschine
Schere

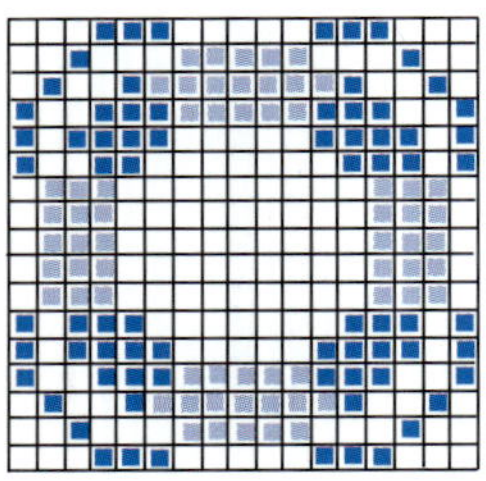

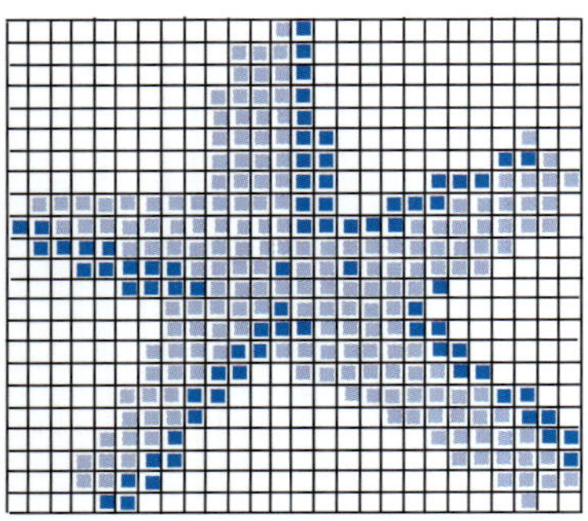

So wird's gemacht

Die Motive werden im Kreuzstich aufgestickt. Dafür den 4-fädigen Sticktwist halbieren und einfädeln. Von hinten nach vorne einstechen, die Nadel nach rechts oben über das darüber liegende Fadenkreuz führen und einstechen. Die Nadel auf der Rückseite waagrecht nach links hinter dem senkrechten Faden durchführen und durch dieses Loch nach vorne stechen. Die Nadel nach links unten über das Fadenkreuz führen und nach hinten stechen.

Werden mehrere Stiche nebeneinander in einer Farbe gestickt, so werden zuerst alle nebeneinander liegenden Stiche von links unten nach rechts oben ausgeführt, dann geht die Nadel auf der Rückseite senkrecht nach unten. Danach stickt man alle nebeneinander liegenden schrägen Stiche von rechts unten nach links oben, dabei wird die Nadel ebenfalls auf der Rückseite senkrecht nach unten ausgestochen.

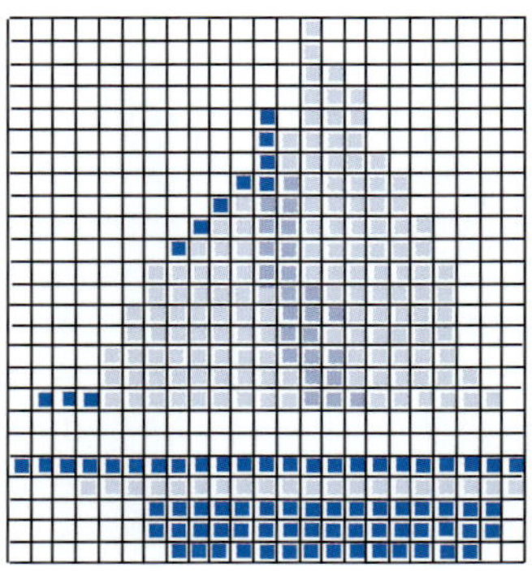

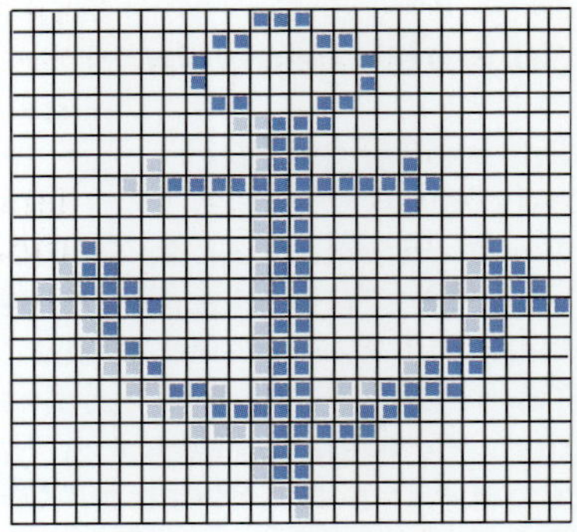

Zu Beginn des Stickens auf der Stickvorlage und auf dem Stickband jeweils den Mittelpunkt markieren. Von diesem Punkt aus mit dem Sticken beginnen, dadurch kommt das Motiv immer in der Mitte des Stickbandes zu liegen.

Das fertige Stickband an den seitlichen Kanten 5 mm breit einschlagen und mittig mit 8 cm Abstand zur oberen Kante auf das Handtuch aufnähen.

Für die Aufhängung eine Kordelschlinge 4 cm unterhalb der oberen Kante mittig am Handtuch so festnähen, daß etwa 3 cm lange Enden lose herabhängen. Die Kordelenden direkt über der Naht verknoten und über dem Knoten noch einmal festnähen.

Vorhang mit Rettungsringen

Material

Blauer Nylonstoff
Messingösen mit 14 mm Ø
Weißes Nylonseil
2 Styroporringe mit 20 cm Ø
Rote und weiße Dispersionsfarbe
15 mm breites Kreppklebeband
Farbloser Acryllack
Nähfaden
Weiße Vorhangstange mit Befestigung

Werkzeug

Schere
Maßband
Pinsel

So wird´s gemacht

Die beiden Styroporringe zweimal mit weißer Dispersionsfarbe streichen, vor dem zweiten Anstrich die Farbe gut trocknen lassen. Kleinere Kreppbandstücke in regelmäßigen Abständen um den Styroporring kleben. Die dazwischenliegenden Flächen zweimal rot streichen. Nach dem Trocknen das Kreppband vorsichtig abziehen und die Ringe mit farblosem Acryllack lackieren.

Die Fläche, die der Vorhang bedecken soll, ausmessen. In der Breite mit 1,5 multiplizieren und zur Höhe 24 cm dazurechnen. Nach diesen Maßen den Vorhang zuschneiden.

An den Längskanten den Stoff zweimal je 1 cm auf die linke Seite schlagen und bügeln, den Saum schmalkantig feststeppen. An der Unterkante den Stoff zuerst 1 cm, dann noch einmal 15 cm auf die linke Seite legen und bügeln. Den Saum schmalkantig nähen. Soll der Vorhang vor einer Dusche hängen, in den Saum ein Bleiband einlegen und durch eine zusätzliche Naht mit dem Reißverschlußfüßchen dicht neben dem Band fixieren.

Die Oberkante zweimal je 4 cm auf die linke Seite schlagen und bügeln. 2 cm parallel zur Oberkante auf einer Linie die Lage der Messingösen markieren. Der günstigste Abstand der Ösen zueinander beträgt 10 bis 15 cm, die erste und letzte Öse sollten je etwa 3 cm Abstand zu den Seiten haben. Die Ösen einschlagen.

Die Gardinenstange und, mit ca. 5 cm Abstand, darunter den Vorhang auf den Boden legen. Das Nylonseil durch die erste Öse ziehen, über die Stange führen und von hinten durch die zweite Öse stecken. Diesen Vorgang so oft wiederholen, bis das Seil durch alle Ösen gezogen ist. Nun den Vorhang in gleichmäßigem Abstand zur Stange ausrichten, dazu das Seil nachziehen. Direkt vor der ersten und nach der letzten Öse das Seil jeweils durch einen Knoten sichern. Die Stange in die Befestigung stecken.

Das Seil beidseitig lang herabhängen lassen und an den Enden je einen Styropor-Rettungsring einknoten.

Der Vorhang eignet sich nicht nur für ein Fenster im Naßbereich, sondern auch als Duschvorhang. Wird er aus einfachem Baumwollstoff oder Chintz gearbeitet, ist er eine dekorative und originelle Zierde für jeden Raum.

Geschenke für viele Gelegenheiten

Fußmatte aus Seemannsknoten

Material

30 m Hanfseil, 16 mm stark
Paketschnur (Rest)
Klebstoff
56 x 37 cm großes Kartonstück
Roter und grüner Wollfaden

Zum Einzug in die neue Wohnung oder das neue Haus ist diese Fußmatte ein ungewöhnliches, aber äußerst langlebiges Geschenk, denn sie ist nahezu unverwüstlich. Die Lebensdauer von vielen Jahren rechtfertigt auch den Preis, der mit etwa 50 Mark höher liegt als bei einer gekauften Matte, die aber meistens bereits nach dem ersten Jahr in ihre Einzelteile zerfällt.

So wird´s gemacht

Die Mitte des Hanfseils markieren und auf den Karton legen, der als Anhaltspunkt für das Außenmaß der Matte dient. Die Seilenden mit einem roten und grünen Wollfaden umwickeln, diese Markierungen entsprechen A und B in den Abbildungen. Die Seilmitte zur Schlinge legen und das Seil in Richtung Seilende B wie in Abbildung 1 darüber legen. Für die Abbildungen gilt, daß durchgezogene Linien ein oben liegendes Seilstück bedeuten, unterbrochene Linien ein unten liegendes.

Weiter wie auf Abbildung 2 arbeiten. Mit dem Seilende A beginnen und dieses unter der oberen Schlinge durchlegen. Das Ende B unter den vorherigen Wicklungen durchführen (auf Abbildung 3 ist zu sehen, wo das Seilende B nach diesem Arbeitsschritt liegt).

Mit dem Seilende A wie in Abbildung 4 verfahren, es wird entsprechend unter und über die Wicklungen von links oben nach rechts unten gezogen.

Anschließend wird das Ende A wie in Abbildung 5 nach links zur Schlaufe über dem Seilende B geführt und folgt diesem von links unten nach rechts oben. Dabei soll die unten so entstandene Schlinge die gleiche Größe haben wie die auf der gegenüberliegenden Seite.

Von nun an werden beide Seilenden parallel zu den vorherigen Wicklungen gelegt, bis das Seil überall sechsfach nebeneinander liegt. Zum Schluß die Seilenden auf der Rückseite je fünfmal mit Bindfaden umwickeln und an einem anderen Seilstück festknoten. Diesen Knoten mit einem Tropfen Klebstoff fixieren.

Abbildung 1

Abbildung 2

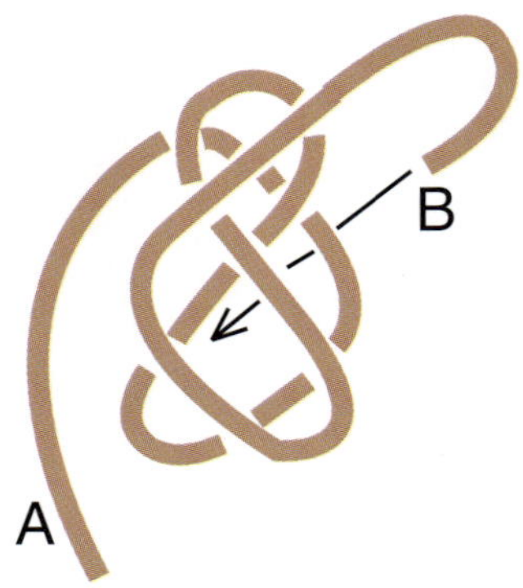

Abbildung 3

Abbildung 4

Abbildung 5

Abbildung 6

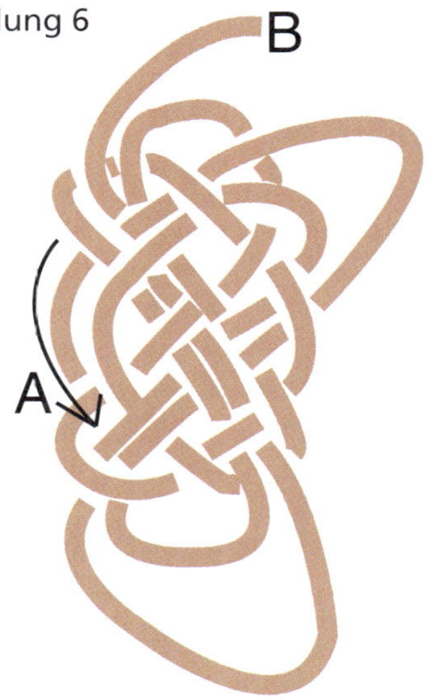

Karaffe und Gläser mit Anker

So wird´s gemacht

Die Vorlage für das Steuerrad in Originalgröße auf Transparentpapier durchzeichnen, den Anker je nach Größe der Karaffe mit einem Fotokopierer auf bis zu 200 % vergrößern. Die Motive grob ausschneiden. Sind die Gefäße stark gewölbt, die Vorlagen am Rand zusätzlich mit kleinen Einschnitten zur Mitte hin versehen.

Das Seil des Ankers entsprechend der Form der Karaffe in der Länge ergänzen, eventuell muß auch der Verlauf geändert werden. Das läßt sich durch Auflegen der Vorlage auf die Karaffe herausfinden. Die „Seilenden" sollen sich auf der gegenüberliegenden Seite des Karaffenhalses treffen.

Die Karaffe und die Gläser sehr heiß mit Spülmittel reinigen und gut trocknen lassen, die Glasoberfläche muß absolut fettfrei sein. Tragen Sie darum Haushaltshandschuhe, die auch während des Ätzvorgangs einen guten Schutz vor der Ätzflüssigkeit bieten.

Die Fläche auf der Karaffe, auf der das Motiv geätzt werden soll, mit Abdecklack einstreichen und gut trocknen lassen. Nach dem Trocknen die Vorlage über Kohlepapier auflegen und das Motiv übertragen. Mit der Ätznadel anschließend erst die Konturen, dann die Innenflächen des Motivs aus dem Abdecklack herausschaben. Anschließend die Ätzflüssigkeit mit dem Pinsel auftragen und gut trocknen lassen. Vorsicht! Jeder Tropfen, der versehentlich auf einer nicht abgedeckten Stelle des Glases landet, ätzt.

Nach der auf der Packung empfohlenen Wartezeit die angetrocknete Ätztinte abwaschen. Nach dem Trocknen sind die geätzten Motive gut zu sehen.

Die Zeichnung des Steuerrads in das Glas stellen und eventuell mit Klebestreifen fixieren. Auch ein zusammengeknülltes Papiertaschentuch, das in das Glas gesteckt wird, preßt das Motiv gegen die Glaswand. Das Glas wie oben beschrieben mit Abdecklack bestreichen, das Motiv herauskratzen, mit Ätztinte einstreichen und nach der Wartezeit spülen.

Zum Schluß noch einmal alle Gefäße mit Spülmittel heiß abwaschen.

Material

Karaffe und Gläser aus Bleikristall
Abdecklack
Ätztinte
Transparentpapier
Kohlepapier
Klebeband

Werkzeug

Kugelschreiber
Ätznadel
Haushaltshandschuhe
Pinsel
Papiertaschentuch

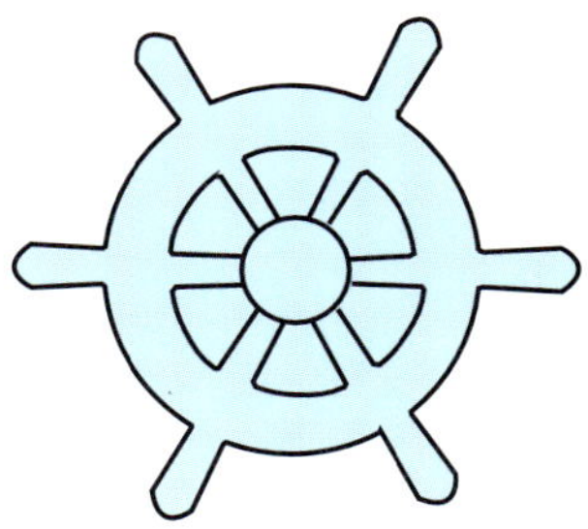

Cooler Fisch für heiße Töpfe

Material

62 x 35 cm große MDF-Platte, 21 mm stark
2 Aluminiumrohre, 54 cm lang, 9 mm Ø
Farbloser Acryllack
Transparentpapier
Kohlepapier
6 halbrunde Füßchen, 2 cm Ø
Mittleres Schleifpapier
Klebstoff
Dünne Nägel

Werkzeug

Bohrmaschine und Bohrer, 11 mm Ø
Stichsäge
Bleistift
Schraubstock oder Arbeitstisch
Schere
Pinsel
Hammer

So wird´s gemacht

Einen Fisch nach der Vorlage in den Maßen der MDF-Platte auf Zeitungspapier zeichnen und entlang der Kontur ausschneiden. Die Schablone auf die MDF-Platte legen und den Umriß aufzeichnen, mit Kohlepapier die Trennlinien und die Linien für die durchgehenden Bohrungen übertragen.

Den Fisch mit der Stichsäge entlang der Konturen aussägen und die Kanten mit Schleifpapier glätten. Anschließend die Unterteilungen sägen, dabei darauf achten, daß die Markierungen für die Bohrungen erhalten bleiben. Auch hier alle Kanten glattschleifen.

Das Schwanzstück in einen Schraubstock einspannen und die Bohrungen senkrecht ca. 2 cm tief vornehmen. Das nächste Fischstück einspannen und an den Markierungen durchbohren. Beim Bohren des nächsten Teils ist es hilfreich, den bereits durchbohrten Abschnitt über den neuen zu setzen und beide Teile in den Schraubstock zu spannen. So erhält der Bohrer eine paßgenaue Führung. Alle Unterteilungen durchbohren, den Kopf jedoch wie die Schwanzflosse nur 2 cm tief anbohren.

Die Aluminiumrohre in die Bohrungen der Schwanzflosse stecken und alle weiteren Fischstücke daraufschieben. Sollten einzelne Teile nicht passen oder verkanten, die Löcher noch einmal mit einem größeren Bohrer nachbohren.

Lassen sich alle Teile gut bewegen, Kopf und Schwanz wieder abnehmen und Klebstoff in die Löcher streichen. Die Aluminiumrohre hineinstecken und warten, bis der Klebstoff trocken ist.
Den Fisch mit farblosem Acryllack zweimal streichen, vor dem zweiten Anstrich gut trocknen lassen. Auf der Unterseite die Füßchen gleichmäßig verteilt festnageln.

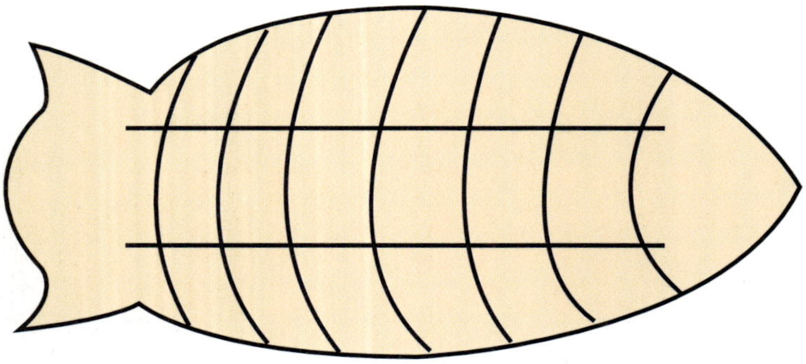

„MDF-Platte" ist eine Abkürzung für „Mitteldichte Faserplatte". Diese Platte wird durch Pressen unter Hitzeeinwirkung aus recyceltem Karton unter Zugabe von lösungsmittelfreiem Klebstoff hergestellt. MDF-Platten lassen sich einfacher als Spanplatten verarbeiten, da Sägeschnitte und Bohrungen nicht ausfransen. Darüber hinaus ist die Oberfläche gleichmäßiger und schöner; sie muß zur Imprägnierung nur farblos lackiert werden.

NOILLY
AEG

Witzige Korken für die Flaschensammlung

So wird's gemacht

Knotenkorken

Das Hanfseil wie auf Abbildung 1 viermal über die drei mittleren Finger der linken Hand wickeln, dabei hängt das linke Ende rund 35 cm herunter.

Das rechte Ende zwischen Ring- und Mittelfinger hindurchziehen und hinter der Hand waagrecht um die senkrechten Wicklungen legen. Das Ende nun zwischen Ring- und Mittelfinger nach vorne durchstecken. Jetzt vorsichtig die drei Finger aus den Wicklungen herausziehen und den Zeigefinger unterhalb der waagrechten Wicklung hindurchstecken. Von nun an halten Daumen und Zeigefinger den Knoten.

Die waagrechte Wicklung insgesamt viermal durchführen, dabei nach dem letzten Mal das Seil durch die oberen senkrechten Schlingen hindurchstecken (Abbildung 2).

Das Seil nun senkrecht nach unten über die waagrechten Wicklungen führen und zwischen diesen und dem Zeigefinger waagrecht nach vorne zur Fingerspitze hin ziehen. Das Seil senkrecht nach oben ziehen und wieder durch die oberen Schlingen hindurchstecken (Abbildung 3). Diese Wicklung ebenfalls insgesamt viermal durchführen. Zum Abschluß das Seil auf der Innenseite einmal in Gegenrichtung zur letzten Wicklung hindurchziehen. Den Zeigefinger herausziehen und die Wicklungen gleichmäßig ausrichten. Manchmal genügt es, den Knoten einfach zwischen den Händen hin und her zu rollen.

Den Knoten nun auf einen Korken kleben und die überstehenden Seilenden um den mit Klebstoff eingestrichenen Korken wickeln.

Beklebte Korken

Die Fische und das Buddelschiff mit Klebstoff auf der Korkenoberfläche befestigen.

Material

Schöne Flaschen in verschiedenen Farben
Passende Korken aus dem Haushaltswarenladen
Seepferdchen und exotischer Fisch aus Holz oder Plastik
Buddelschiff (Anglerbedarf)
2 m Hanfseil, 6 mm dick
Klebstoff

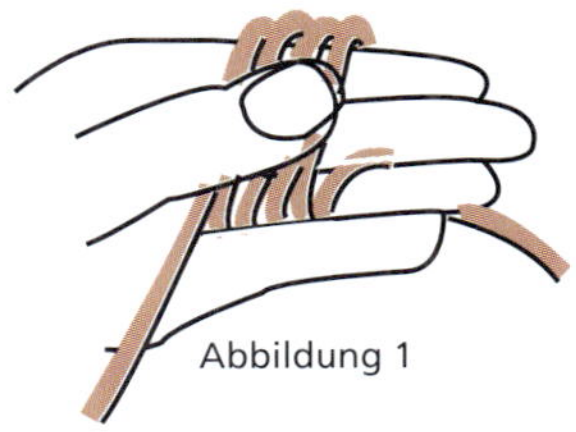

Abbildung 1

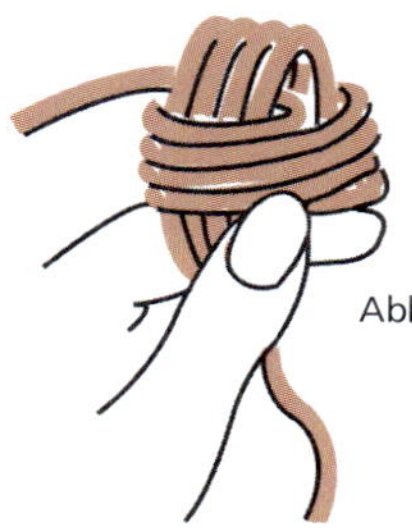

Abbildung 2

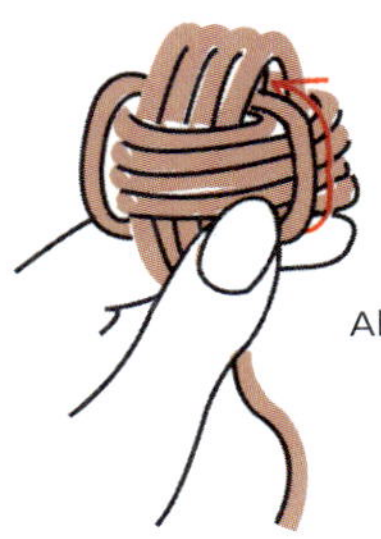

Abbildung 3

Farbige Flaschen können Sie ganz einfach selbst herstellen: In die gut ausgespülten und getrockneten Flaschen Glasmalfarbe gießen und die Farbe durch Drehen und Ausgießen (in den Farbtopf) gleichmäßig verteilen, anschließend die Farbe trocknen lassen und im Backofen einbrennen. Die Farbe wird durch mehrmaliges Wiederholen dieses Vorgangs intensiver.

Frutti di Mare auf Schüsseln und Schalen

Material

Weiße Porzellanschüssel,
Suppenschalen oder
Suppenteller
Porzellanfarbe zum Einbrennen im Backofen
Wattestäbchen
Transparentpapier
Nitroverdünnung

Werkzeug

Mittlerer Rundpinsel
Wasserfester Filzstift
Schere
Haushaltshandschuhe

So wird´s gemacht

Schüssel und Schalen mit sehr heißem Wasser und Spülmittel reinigen und gut trocknen lassen. Damit die Farbe gut haftet, muß der Untergrund fettfrei sein. Deshalb sollten Sie auch während des Abtrocknens und Malens Haushaltshandschuhe tragen.

Die Vorlagen dieser Seite auf Transparentpapier pausen und Schablonen ausschneiden. Für die Schüssel müssen die Motive mit einem Fotokopierer auf 150 % vergrößert werden. Auch von den Kopien Schablonen anfertigen.

Die Verteilung der Schablonen auf der Schüssel ausprobieren und die Konturen der Motive mit dem wasserfesten Filzstift nachzeichnen. Die Wellenlinie unter dem Rand ebenfalls mit dem Stift vorzeichnen. Ungeübte können die Welle auch von der Vorlage auf dieser Seite abpausen und so eine Schablone herstellen.

Nun mit dem Rundpinsel die Farbe auftragen. Dabei empfiehlt es sich, den Pinsel immer dem „Verlauf" des Motivs folgen zu lassen. Beispielsweise malt man beim Seestern von den äußeren Enden zur Mitte, bei der Muschel von der Öffnung zum Fuß und beim Fisch vom Maul zum Schwanz.

Soll die Farbe absolut deckend sein, so kann der Farbauftrag wiederholt werden. Dafür reicht es, den ersten Auftrag etwa zwei Stunden trocknen zu lassen und dann zu wiederholen. Die Farbe vor dem Einbrennen mindestens 24 Stunden trocknen lassen.

Rutscht der Pinsel unbeabsichtigt aus, so ist das kein Malheur, denn die Farbe kann, selbst wenn sie schon angetrocknet ist, mit einem Wattestäbchen und Nitroverdünnung wieder entfernt werden.

Porzellanfarbe nach Packungsanleitung im Backofen brennen.

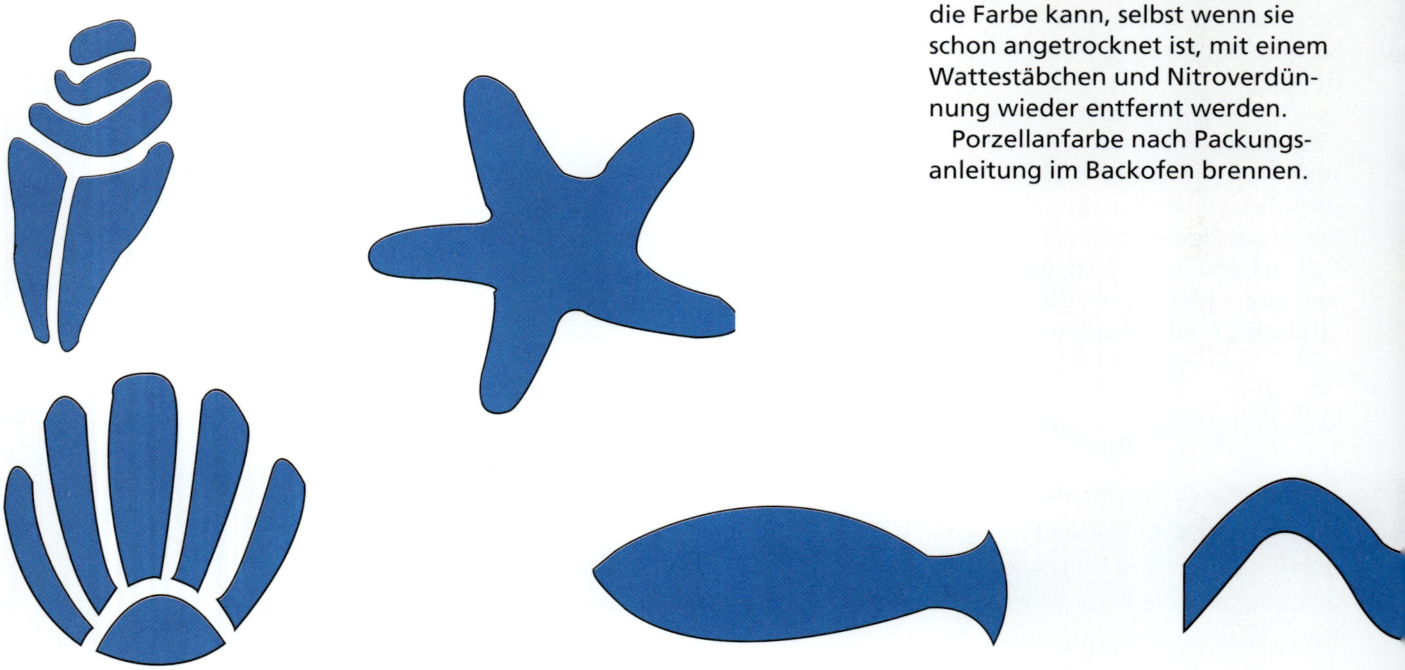

Lichterkette mit Seesternen

Material

Lichterkette
Seesterne (Dekobedarf)
Klebstoff

Werkzeug

Bohrmaschine, Bohrer

So wird´s gemacht

In die Mitte der Deko-Seesterne Löcher bohren, die den gleichen Durchmesser wie die Fassungen der Lichterkette haben. Vorsichtig und mit wenig Druck bohren, damit die Seesterne nicht zerbrechen. Die Glühlampen von hinten durch die Bohrungen stecken und mit etwas Klebstoff fixieren.

Alternativ kann man die Seesterne auch aus Gips herstellen. Dafür wird in eine entsprechende Form Gips eingegossen. In die noch weiche Masse wird ein Rundholz gesteckt, das den Durchmesser der Lampenfassung hat. Nach dem Trocknen das Rundholz herausziehen und den Seestern mit ocker- und orangefarbener Dispersionsfarbe lasierend streichen.

Windlichter für lauschige Stunden

So wird´s gemacht

Die Kerzen jeweils in die Mitte der Glasgefäße stellen. Rundum einige Zentimeter hoch mit Kieselsteinen oder Glasmurmeln auffüllen. Besonders standfest wird die Kerze, wenn zuerst mit feinem Sand aufgeschüttet wird. In den Sand Muscheln oder kleine Stücke Treibholz stecken.

Hat das Glasgefäß einen Fuß, diesen mit einem Stück Hanfseil umwickeln und einfach mit einem doppelten Knoten festmachen.

Lassen Sie sich beim Gestalten der Gläser vom Inhalt Ihrer Sammelkiste inspirieren, so entstehen die originellsten Objekte.

Material

Glasvasen, Gläser oder Glaspokale
Kieselsteine
Glasmurmeln und -muscheln
Sand
Hanfseil (Rest)
Dicke Kerzen
Muscheln
Treibholz

Kerzen im Muschelkleid

So wird´s gemacht

Kerzen gießen
Verwenden Sie für die Gießform nur Gläser, deren Wände entweder hundertprozentig parallel sind oder zum Boden hin enger werden, da sich sonst die Kerze nicht herausnehmen läßt.

Auf dem Herd das Kerzengranulat bei mittlerer Temperatur schmelzen. Den Docht doppelt so lang zuschneiden, wie die Gießform hoch ist. Als Senkgewicht am unteren Ende eine kleine Muschel einknoten. Den Knoten in die Mitte des Glasbodens hängen, das obere Ende des Dochts um einen Zahnstocher binden, der auf den Glasrand gelegt wird. Während des Gießens stets darauf achten, daß der Docht in der Mitte bleibt.

Das Kerzenwachs etwa 1 cm hoch eingießen und soweit abkühlen lassen, daß es noch ein wenig weich ist. Die Muscheln möglichst dicht am Rand des Gefäßes in das Wachs drücken. Erneut Wachs bis an die oberen Muschelenden aufgießen und abkühlen lassen und wieder Muscheln hineindrücken.

Diese beiden Arbeitsschritte so oft wiederholen, bis das Gefäß bis an den oberen Rand ausgegossen ist. Die Kerze schließlich vollständig abkühlen lassen. Dabei kann manchmal eine Art Krater entstehen. Sollte das der Fall sein, diesen einfach mit Wachs ausgießen.

Zum Herauslösen der Kerze das Glas unter fließend heißes Wasser halten. Immer wieder leicht am Docht ziehen, bis sich die Kerze vom Glas löst. Um die Muscheln am Rand besser sichtbar werden zu lassen, die Kerze vorsichtig in ca. 70 Grad heißes Wasser tauchen. Dabei löst sich außen eine dünne Wachsschicht ab und die Kerze erhält so eine strukturierte Oberfläche. Den Docht oben passend abschneiden.

Muschel als Kerze
Den Gardinenring unter eine große Muschel kleben, so daß diese waagrecht steht. Einen Docht in der Länge der doppelten Muscheltiefe abschneiden. An einem Ende zum Beschweren um eine kleine Muschel knoten und dieses Ende in die Mitte der großen Muschel legen. Das andere Ende um einen Zahnstocher knoten und diesen waagrecht über die Muschelöffnung legen.

Die große Muschel mit Wachs ausgießen, eventuell nach dem Abkühlen noch etwas Wachs nachgießen. Solche Muschelkerzen sind eine originelle Tischdekoration für eine Sommerparty, sie lassen sich immer wieder neu mit Wachs ausgießen.

Kerze mit Seil
Ein Hanfseil mehrmals sehr dicht um den Fuß einer Kerze wickeln. Zum Schluß die Enden des Seils über der Mitte der Wicklungen doppelt verknoten.

Material

Gegossene Kerzen
Kerzengranulat
Docht
Muscheln
Gardinenring
Klebstoff
Zahnstocher

Blaue Kerze
Hanfseil
Kerze

Werkzeug

Topf zum Schmelzen des Kerzenwachses
Gläser als Gießform
Küchenherd

Wasservögel auf langen Beinen

Material

30 x 40 cm Sperrholzplatte, 6 mm stark (pro Vogel)
Ca. 30 x 25 cm Fichtenleimholzplatte, 2 cm stark (pro Vogel für den Fuß)
Rundhölzer, 15 mm Ø, 30–40 cm lang
Transparentpapier
DIN-A3-Zeichenpapier
Kohlepapier
Acrylfarben: Schwarz, Weiß, Orange, Gelb und Blau
Wasserfester schwarzer Filzstift
Mittleres Schleifpapier
Schraube

Werkzeug

Stich- oder Laubsäge
Bleistift
Verschiedene Pinsel
Schraubendreher

So wird´s gemacht

Auf DIN-A3-Zeichenpapier raumfüllend Vogelkörper wie auf den Beispielen dieser Seite zeichnen. Den gelungensten Entwurf mit Kohlepapier auf eine Sperrholzplatte übertragen und entlang der Außenkontur mit einer Laub- oder Stichsäge aussägen. Die Sägekanten mit Schleifpapier glätten.

Den Vogel auf beiden Seiten mit weißer Acrylfarbe zweimal streichen, vor dem zweiten Anstrich die Farbe gut trocknen lassen. Nun die Binnenzeichnung mit Kohlepapier übertragen. Um die Zeichnung der Rückseite mit der auf der Vorderseite abzustimmen, den Entwurf auf Transparentpapier übertragen. Dieses umdrehen und die durchscheinende Zeichnung als Vorlage verwenden.

Die Flügel mit schwarzer, weißer und blauer Acrylfarbe naß in naß malen, den Pinsel dabei immer in der Richtung der natürlichen Federn führen. Die Augen zuerst ganz in Orange oder Blaugrau ausmalen, dann in die Mitte die schwarze Pupille setzen. Mit einem dünnen Pinsel die weißen Lichtreflexe aufmalen. Zum Abschluß mit einem schwarzen wasserfesten Filzstift die Augenform zeichnen.

Das Rundholz am oberen Ende in der Mitte mit einem ca. 4 cm tiefen und 5 mm breiten Sägeschnitt versehen. Das Rundholz in der Mitte des Fichtenholzbretts von der Unterseite her mit einer Schraube befestigen. Den Vogel in den Schlitz des Rundholzes einpassen und mit Klebstoff fixieren. Das obere Ende des Rundholzes wie den Vogel bemalen. Das restliche Rundholz und der Fuß können orange gestrichen werden.

Sollen die Vögel einen Platz im Garten bekommen, müssen die Rundhölzer so lange sein, daß sie ca. 30 cm tief in die Erde gesteckt werden können. Das untere Ende mit einem Messer leicht anspitzen, der Fuß entfällt in diesem Fall. Sind die Vögel als Zierde oder Rankhilfe für Blumentöpfe vorgesehen, sollte die Vorlage etwas kleiner und das Rundholz etwas dünner sein.

So wird´s gemacht

Flaschenpost
Ein kleines Glasfläschchen bis zur Hälfte mit Sand füllen und ein winzig kleines Fundstück vom Strand wie beispielsweise einen schönen Stein, eine vom Sand geschliffene Glasscherbe oder eine Muschel hineinlegen. Den Korken mit Klebstoff fixieren. Um den Flaschenhals mehrmals Paketschnur wickeln und verknoten. Die Schnur nach etwa 8 cm nochmals doppelt verknoten, dann um einen Schlüsselring wickeln und wiederholt verknoten.

Hai an der Leine
Paketschnur um einen Spielzeug-Hai schlingen, vor und hinter den Bauchflossen über Kreuz verknoten und mit 10 cm Abstand an einem Schlüsselring befestigen.

Stein im Netz
Vier etwa 70 cm lange Paketschnüre nebeneinanderlegen und in der Mitte der Schnüre einen Knoten machen. Von diesem Knoten aus die so entstandenen acht Strahlen sternförmig nebeneinanderlegen. Die erste und zweite Schnur dicht unter dem Knoten doppelt verknüpfen, dann die zweite mit der dritten, die dritte mit der vierten und so weiter. Nach der ersten Runde die Knoten wiederholen, dabei aber etwas Abstand zur ersten Reihe lassen. Die nächste Reihe folgt mit noch mehr Abstand. Den Stein in das Netz legen und prüfen, wie viele Reihen noch benötigt werden. Ist die Hälfte der Reihen fertig, die Abstände bis zur Steinspitze wieder geringer werden lassen. Am Ende wieder alle Schnüre in einem einzigen Knoten miteinander verbinden. Den Schlüsselring zwischen die Schnüre fädeln und einen weiteren Knoten machen, mit Klebstoff fixieren und die Schnüre gleich lang abschneiden.

Seestern am Ring
Naturbast wie bei einem Päckchen um den Seestern wickeln und auf der Rückseite verknoten. Mit den Bastfäden so lange Knoten machen, bis etwa 10 cm Länge erreicht sind. Bast am Schlüsselring einknoten und mit Klebstoff fixieren.

Seemannsgarn
Zwei 80 cm lange Hanfseile mit der Mitte um einen Schlüsselring legen und verknoten. Nun abwechselnd dicht neben- und untereinander Knoten knüpfen, bis der Abstand zum Ring 10 cm beträgt. Drei der vier Seilenden zur Schlinge legen, das vierte Ende von unten durch die erste Schlinge nach oben ziehen. Das nächste Seilende durch die nächste Schlinge schieben. Diesen Vorgang mit allen Seilenden wiederholen, zum Schluß alle Enden ein zweites Mal durch die jeweils gleiche Schlinge stecken. Seilenden festziehen und gleich lang abschneiden.

Schlüsselanhänger mit Erinnerung

Material

Glasfläschchen
Sand
Kunststoff-Hai (aus dem Spielwarenladen)
Seestern
Kieselstein
Paketschnur
Naturbast
160 cm Hanfseil
Schlüsselringe
Klebstoff

Werkzeug

Schere

Blumentöpfe mit Gipsdekor

So wird´s gemacht

Sollen alte Keramikübertöpfe mit der Gipstechnik neu gestaltet werden, müssen ihre Oberflächen zuerst mit grobem Schleifpapier angeschliffen werden, da der Gips sonst nicht haftet.

In einer Plastikschüssel Gips anrühren, in eine zweite Schüssel Wasser gießen. Mit einem breiten Pinsel die Außenseite des Topfes gut anfeuchten. Wiederholt Gips mit dem Spachtel auf den Topf auftragen und glatt verstreichen. Am einfachsten geht dies allerdings mit den Händen, die dazu immer wieder in Wasser getaucht werden müssen. Die Gipsschicht sollte mindestens 5 mm betragen.

Den Gips antrocknen lassen. Ist er gerade noch leicht feucht, mit der Nagelspitze Motive wie auf den Abbildungen dieser Seite einritzen. Durch häufiges Nachfahren der Linien werden diese breiter und tiefer.

Blättert einmal etwas Gips ab, können diese Stellen wieder ausgebessert werden. Nach dem erneuten Trocknen die Kontur einfach wieder einritzen.

Sind alle Motive aufgebracht, die Töpfe über Nacht gründlich austrocknen lassen.

Um die Konturen blau einzufärben, wird ein schmaler Pinsel in blaue Farbe getaucht und grob über die Linien geführt. Mit einem nassen Schwamm wird die überschüssige Farbe, die über die Konturen hinausgeht, abgewischt. Dabei gelangt auch etwas Farbe in kleinere Unebenheiten der Gipsoberfläche, was den Reiz dieser Technik ausmacht.

Um weiße Ritzzeichnungen zu erhalten, werden die Töpfe nachträglich blau gestrichen, wobei der Pinsel ganz flach über die Gipsoberfläche gezogen wird, damit in die Ritzen keine Farbe eindringt. Dabei lieber etwas öfter und mit weniger Farbe streichen. Gelangt doch einmal etwas Farbe in die Ritzen, diese entweder mit dem nassen Schwamm herauswischen oder mit einem schmalen Pinsel und ein wenig weißer Farbe die Kontur nachziehen.

Material

Blumentöpfe aus Ton oder Keramik
Gips
Schleifpapier
Transparentpapier
Blaue Acrylfarbe

Werkzeug

2 Plastikschüsseln
Spachtel
Dicker Nagel
Schmaler und breiter Flachpinsel

Möbel
und
Accessoires

Paravent im Marinelook

Material

3 Spanplatten à 170 x 44 cm, 21 mm stark
4 Scharniere
4,5 m blau-weiß gestreifter Markisen- oder starker Baumwollstoff, 140 cm breit
Nähfaden
Holzschrauben
Schleifpapier
Schnittpapier

Werkzeug

Stichsäge
Lineal
Bleistift
Meßstab
Schraubendreher
Schere
Schleifklotz
Tacker, Klammern

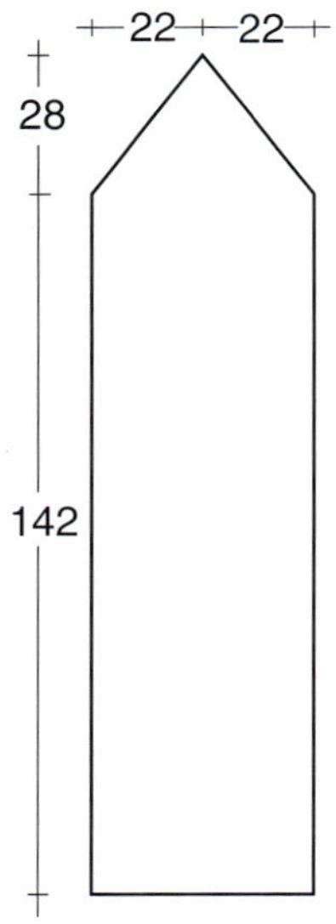

So wird´s gemacht

Die drei Spanplatten im Baumarkt zusägen lassen. Die Maße für die Giebel nach der Abbildung auf dieser Seite aufzeichnen und mit der Stichsäge aussägen. Die Kanten der Spanplatten mit Schleifklotz und Schleifpapier leicht anschrägen.

Einen fertigen Paraventflügel auf das Schnittpapier legen, die Kontur nachzeichnen und entlang der Linie ausschneiden. Aus dem blau-weiß gestreiften Stoff mit je 1 cm Nahtzugabe an den Seiten und den Schrägen und 4 cm an der Unterkante die Form sechsmal zuschneiden. Für die Verbindung von Vorder- und Rückseite mehrere 4 cm breite Streifen zuschneiden, es wird insgesamt eine Länge von 10,8 m benötigt. Beim Zuschneiden darauf achten, daß der Streifenverlauf stets gleich ist.

Aus dem restlichen Stoff Taschen in gewünschter Größe ausschneiden, die Zugaben mit 2 cm an der Oberkante und 1 cm an den übrigen Kanten berechnen.

Die oberen Taschenkanten zweimal je 1 cm auf die linke Seite legen und bügeln. Den Saum dann schmalkantig feststeppen. Die restlichen Kanten 1 cm breit auf die linke Stoffseite bügeln. Die Taschen nach eigenem Geschmack auf den Paraventteilen anordnen, feststecken und schmalkantig aufsteppen.

Die 4 cm breiten Verbindungsstreifen so zusammennähen, daß dreimal eine Länge von je 3,6 m entsteht. Diese drei Streifen anschließend jeweils rechts auf rechts an den Seiten- und Giebelkanten eines Paraventstoffteils feststecken und 1 cm breit feststeppen. Dann jeweils ein zweites Stoffteil rechts auf rechts an der anderen Streifenkante feststecken, dabei darauf achten, daß die Vorder- und Rückseite absolut paßgenau liegen. Die Naht 1 cm breit steppen und den Paraventbezug wenden. Die Nähte ausbügeln und den Bezug über die Spanplatte ziehen, so daß der Stoff straff gespannt ist.

An der Unterkante den Stoff wie bei einem Päckchen über die offene Kante legen, festziehen und festtackern. Alle drei Paraventflügel werden auf diese Art bezogen.

Zum Befestigen der Scharniere zwei Paraventflügel aufeinanderlegen und auf eine der Längskanten stellen. Zwei Scharniere im Abstand von jeweils 30 cm zur unteren Kante und zur oberen Ecke auf beide Flügelkanten durch den Stoff aufschrauben. Die Flügel nun auf die Längskante mit den Scharnieren stellen, den dritten Flügel danebenstellen und zwei weitere Scharniere auf das dritte und das mittlere Paraventelement aufschrauben. Nun kann der Paravent aufgestellt werden.

Kommode mit Meerestieren

So wird´s gemacht

Die Schubläden aus der Kommode ziehen. Den Korpus und die Fronten mit dem blauen Acryllack zweimal streichen, zwischen den Anstrichen den Farbauftrag gut trocknen lassen.

Eine Welle wie auf der Abbildung unten so zeichnen, daß in der Breite auf der Schublade links und rechts jeweils noch etwa 2 cm Rand bleiben. Die Zeichnung auf Karton oder Schablonenfolie kleben und die Welle mit einem Cutter herausschneiden. Die beste Position der Schablone auf der Schublade durch Auflegen ermitteln. Die Ecken der Schublade auf der Schablone anzeichnen, damit die Wellen auf allen Schubladen entsprechend positioniert werden können. Die Schablone nun nacheinander auf die Schubladenfronten legen und mit weißem Acryllack die untere Welle austupfen.

Ist die Farbe trocken, in der gleichen Weise die Lage der zweiten Welle markieren und diese ebenfalls weiß austupfen.

Den Gips nach Packungsanweisung anrühren und in die Formen gießen. Nach dem Trocknen die Meerestiere aus ihren Formen lösen und mit gelber Dispersions-

farbe grundieren. Auf die noch feuchte Grundierung stark verdünnte blaue Dispersionsfarbe auftragen.

Sind alle Tiere bemalt und getrocknet, werden sie mit farblosem Acryllack überzogen und mit Zweikomponentenkleber auf den Vierkanthölzer befestigt.

Die Plazierung der Griffe auf den Schubladenfronten festlegen und markieren. Die Griffe zuerst mit Holzleim befestigen, dann zusätzlich von der Rückseite her mit einer Holzschraube sichern.

Material

Kommode aus unbehandeltem Holz (Möbelmarkt)
Karton oder Schablonierfolie
Gießform für Meerestiere
Schnelltrocknender Bastelgips (aus dem Bastelladen)
Weißer, blauer und farbloser Acryllack
Orange, gelbe und blaue Dispersionsfarbe
Zweikomponentenkleber
Holzleim
3 x 3 cm starkes Vierkantholz (je 4 cm Länge pro Schublade)
Holzschrauben
Zeichenpapier

Werkzeug

Gipsschale
Flach- und Stupfpinsel
Schraubendreher
Cutter

Tablett mit Seegang

Material

5 mm starke Sperrholzplatte, für den Boden 32 x 39 cm und für die Seiten je zweimal 8 x 32 cm und 8 x 40 cm
Dünne Nägel
Holzleim
Holzkitt
Graublauer und farbloser Acryllack
Feines Schleifpapier
Kreppklebeband

Werkzeug

Bleistift
Stich- oder Laubsäge
Hammer
Spachtel
Pinsel

So wird´s gemacht

Die Welle mit einem Fotokopierer auf 225 % vergrößern: Zuerst auf 150 % vergrößern und diese Kopie wiederum auf 150 % vergrößern (Kopierformat ist DIN A3). Diese Vorlage entlang der Kontur ausschneiden, auf die 8 cm breiten Sperrholzstreifen legen und mit dem Bleistift nachzeichnen. Es werden zwei lange und zwei kurze Teile benötigt, dabei kennzeichnet die gestrichelte Linie die Länge der kürzeren Seitenteile.

Die Seitenteile des Tabletts nun mit der Stich- oder Laubsäge aussägen und alle Sägekanten mit Schleifpapier glätten.

Die Kanten des Bodenbretts mit Holzleim bestreichen. Zuerst die kürzeren Seitenteile ankleben, dann die längeren Seitenteile so ankleben, daß sie die kürzeren einfassen. Damit sich die Seitenteile beim Trocknen des Leims nicht verschieben, wird das Tablett mit Kreppklebeband fest umwickelt. Ist der Holzleim getrocknet, die Seitenteile zusätzlich mit einigen Nägeln am Boden befestigen.

Spalten zwischen den Seitenteilen und dem Boden mit Holzkitt füllen. Nach dem Trocknen den Kitt glattschleifen.

Den graublauen Acryllack mit der farblosen Lasur verdünnen, bis die gewünschte Farbintensität erreicht ist. Hierzu immer wieder Proben auf der Unterseite des Tabletts auftragen. Stimmt die Farbe, werden alle Seiten des Tabletts lasiert.

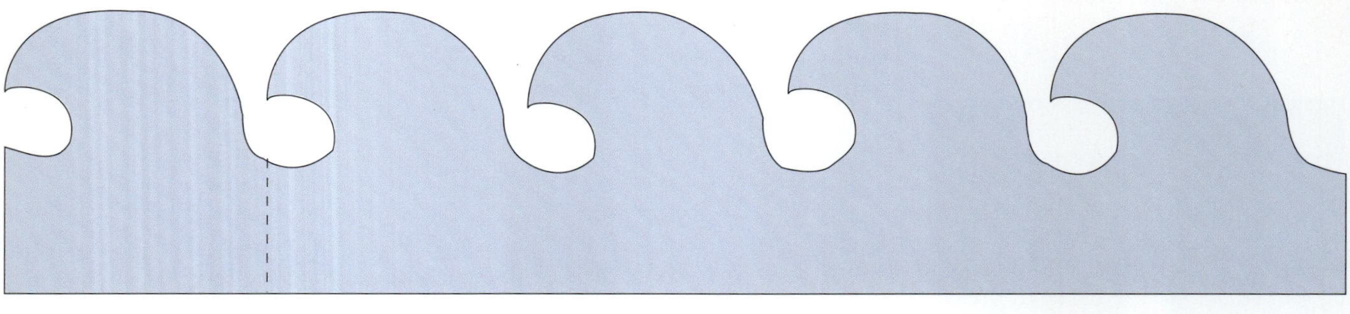

Liegestuhl neu aufgemöbelt

So wird´s gemacht

Den alten Bezug des Liegestuhls entlang der oberen und unteren Quernaht auftrennen. Oben und unten an den Stellen einen Bruch in den Stoff legen, an denen vorher die Querhölzer lagen. Der Abstand von Bruch zu Bruch ist dabei die Länge des neuen Bezugs. Die Breite des alten Bezugs ist auch die Breite des neuen.

Zwei Teile mit den so ermittelten Maßen für den neuen Bezug zuschneiden, dabei an Ober- und Unterkante je 1 cm, an den Seitenkanten je 2 cm Nahtzugabe hinzurechnen. Die Tasche 60 x 27 cm, das Kissen 82 x 40 cm groß (inkl. je 1 cm Nahtzugabe) zuschneiden.

Die Längskanten der beiden Sitzbezugteile zweimal je 1 cm auf die linke Seite umlegen, bügeln und schmal feststeppen. Die Teile rechts auf rechts legen und an einer Querkante 1 cm breit aufeinandersteppen. Eine Hälfte des Reißverschlusses rechts auf rechts auf eine der offenen Querkanten mit 2 cm Abstand zu den Seiten legen, mit Stecknadeln fixieren und mit dem Reißverschlußfüßchen einsteppen, anschließend von der rechten Seite her noch einmal absteppen. Dadurch erhält der Reißverschluß mehr Festigkeit.

Das Gegenstück des Reißverschlusses an der anderen offenen Querkante einnähen. Den Bezug über das Gestell legen und den Reißverschluß schließen.

Die Mittelnaht genau auf das obere Querholz der Rückenlehne legen. Einige Zentimeter unterhalb des Holzes mit 2 cm Abstand zu den Seitenkanten beide Stofflagen zusammenpressen und diese Stellen auf beiden Lagen mit Stecknadeln markieren. Den Bezug wieder abnehmen und an den Markierungen 4 Ösen einschlagen, danach den Stuhl erneut beziehen.

Den Kissenstoff quer zur Hälfte rechts auf rechts legen und die Seiten- und Quernähte steppen, dabei einen kleinen Schlitz zum Wenden offenlassen. Kissen wenden und bügeln. Mit Stecknadeln rundum einen Rand von 4 cm markieren und diesen Rand steppen. Gegenüber des ersten Wendeschlitzes erneut einen Schlitz offenlassen. Durch diesen Schlitz die Füllwatte stecken und beide Schlitze schließen.

In die oberen Ecken je eine Öse einschlagen. Das Kissen mit zwei Kordelstücken, die zuerst in den Ösen am Bezug und dann in den Kissenösen verknotet werden, am Liegestuhl befestigen.

Den Taschenzuschnitt quer rechts auf rechts legen und die Seitennähte 1 cm breit steppen. Die Tasche wenden und die oberen Kanten zweimal je 1 cm nach links umlegen und bügeln. Die Taschenkanten schmal feststeppen, dabei gleichzeitig an den Seiten die Mitte der jeweils 60 cm langen Kordeln annähen. Die Tasche mit den Kordeln an der Armlehne festbinden.

Material

Alter Liegestuhl
Etwa 200 cm blau-weiß gestreifter Leinen- oder Baumwollstoff, 140 cm breit
1,5 m weiße Baumwollkordel
8 Messingösen, 11 mm Ø
Teilbarer Reißverschluß, 40 cm lang
Nähfaden
Füllwatte

Werkzeug

Schere
Nähmaschine
Maßband

Leuchtturm als Tischlampe

Material

6 mm starke Sperrholzplatte, 36 x 52 cm
Alter Lampenfuß mit Glühbirnenhalterung in ca. 40 cm Höhe
Ca. 15–18 cm hoher roter Lampenschirm, 18 cm Ø (unten), mit Halterung zum Aufstecken auf eine Glühbirne
Transparentpapier
Acrylfarben in Blau, Rot, Gelb, Schwarz und Weiß
15 mm breites Kreppklebeband
Holzleim
Dünne Nägel

Werkzeug

Stichsäge
Schleifpapier
Pinsel
Lineal
Bleistift

So wird´s gemacht

Nach den Maßangaben der Abbildung unten auf dieser Seite den Leuchtturm auf Papier aufzeichnen und ausschneiden. Dieses Seitenteil je zweimal in voller Breite und je zweimal entlang der gestrichelten Linien auf dem Sperrholz aufzeichnen. Die Seitenteile dabei versetzt – Unterkante unten, Unterkante oben – auf das Sperrholz legen, um Material zu sparen.

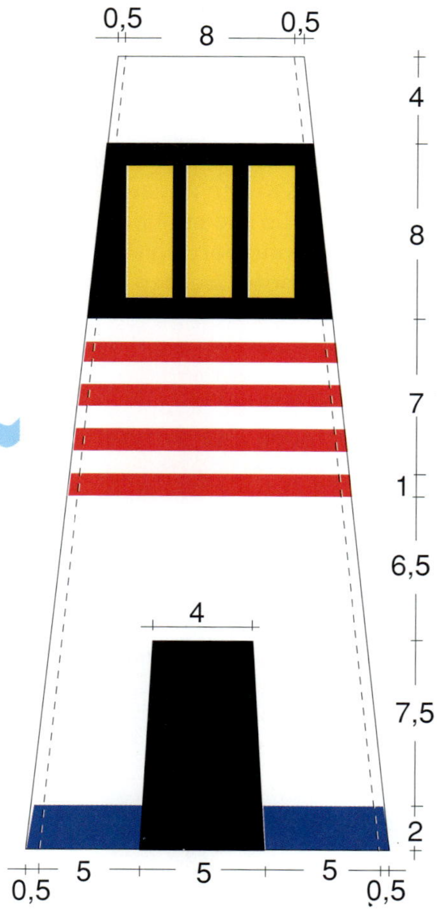

Alle vier Teile mit der Stichsäge aussägen und die Kanten glattschleifen. An einer der Unterkanten ein kleines Dreieck, durch das später das Lampenkabel gezogen wird, heraussägen.

Die Längskanten der schmaleren Seitenteile mit Holzleim bestreichen und mit den breiteren Teilen verleimen. Den Turm an der Unter- und Oberkante fest mit Klebeband umwickeln, damit die Teile beim Trocknen nicht verrutschen. Ist der Leim getrocknet, zusätzlich mit kleinen Nägeln fixieren und das Klebeband abziehen.

Den Leuchtturm zweimal weiß grundieren, nach jedem Farbauftrag gut trocknen lassen. Mit dem Klebeband die Kanten aller waagrechten Farbfelder abkleben und die entsprechenden Flächen ausmalen. Nach dem Trocknen die Klebebänder wieder abziehen.

Nun die Kanten der Fenster und der Tür abkleben und die Flächen ausmalen. Unter Umständen muß die gelbe Farbe mehrmals aufgetragen werden, um auf der schwarzen Fläche zu decken.

Den Leuchtturm über den Lampenfuß stellen und das Kabel durch das unten eingeschnittene Dreieck herausziehen. Ist der Fuß zu groß, muß er mit einer Säge entsprechend verkleinert werden. Zum Schluß den Lampenschirm auf die Birne stecken.

Wandpaneele mit Muschelfries

So wird´s gemacht

Im Raum die waagrechte Trennlinie an der Wand markieren. Dafür in rund 90 cm Höhe über dem Fußboden mit der Wasserwaage eine Linie ziehen. Rechts und links neben einer Tür oder einem Fenster in Tapetenbreite eine senkrechte Linie ebenfalls mit der Wasserwaage anzeichnen.

Die gestreiften und einfarbigen Tapeten in entsprechender Länge zuschneiden. Tapetenkleister nach Packungsanweisung anrühren und die Rückseiten von vier blauen Tapetenbahnen einstreichen. Von jeder Bahn die Querkanten zur Mitte hin legen, so daß die eingekleisterten Rückseiten aufeinander liegen. So können die Tapeten gut einweichen.

Die Wand in der Breite von vier Bahnen bis zur waagrechten Markierung mit Kleister vorstreichen. Die erste Tapetenbahn auflegen und mit der Bürste gut andrücken, die Unterkante mit der Schere in Höhe der waagrechten Markierung abschneiden. Die nächsten Bahnen mit den Stoßkanten nebeneinander aufkleben, dabei mit der Bürste immer alle Luftblasen herausstreichen. Im gleichen Rhythmus weiterarbeiten, bis der obere Bereich des Raums tapeziert ist. Dann entsprechend den unteren Bereich mit den gestreiften Bahnen tapezieren. Zum Abschluß über die waagrechte Stoßlinie eine Zierleiste mit kleinen Nägeln fixieren.

Den Bastelgips nach der Anweisung auf der Packung anrühren, die Menge ist von der geplanten Anzahl der Muscheln abhängig. Rühren Sie aber dennoch nicht zuviel an, da die Masse sehr schnell hart wird. Die Förmchen mit dem Gips ausgießen und trocknen lassen. Muscheln aus den Formen lösen. Soviele Muscheln gießen, daß die ganze Wandbreite über der Holzleiste verziert werden kann. Die Muscheln sollten dabei zueinander einen Abstand von etwa 15 cm haben.

Sind genügend Muscheln vorhanden, die Muschelrückseite mit dem Gips aus der Tube bestreichen und in rund 6 cm Höhe über der Holzleiste an die Wand drücken.

Material

Blaue und blau-weiß gestreifte Tapete
3 cm breite Holzzierleiste
Tapetenkleister
Jakobsmuschelförmchen aus Kunststoff (Haushaltswaren)
Schnellhärtender Bastelgips (Bastelladen)
Fertiggips aus der Tube
Kleine Nägel

Werkzeug

Gipsschüssel
Tapetenmesser
Tapezierbürste
Kleisterbürste
Eimer
Meßstab
Wasserwaage
Bleistift
Hammer

Statt einer einfarbig blauen Tapete läßt sich auch eine weiße Rauhfasertapete verwenden, die mit einem Schwamm gestrichen wird. Dabei entsteht eine interessante und lebendige Struktur. Dazu weiße Wandfarbe stark blau abtönen und mit viel Wasser sehr dünnflüssig machen. Nun einen großen Haushaltsschwamm eintauchen und in halbkreisförmigen Wischern die Farbe auf die Wand streichen.

Kindergarderobe mit Seeblick

Material

Wandkonsole aus unbehandeltem Holz mit Klapptür, ca. 16 x 17 x 58 cm (Möbelmitnahmemarkt)
6 mm starkes Sperrholz, 30 x 65 cm
Holzleim
Kurze Holzschrauben
2 Ringschrauben
1,5 m Hanfseil, 16 mm dick
Bastelmattlack: Blau, Rot, Gelb, Braun, Weiß und Schwarz
Packpapier
Transparentpapier
Kohlepapier
Schleifpapier

Werkzeug

Stich- oder Laubsäge
Bohrmaschine, großer Holzbohrer
Schleifklotz
2 Schraubzwingen
Pinsel

So wird´s gemacht

Die Vorlage unten auf dieser Seite auf einem großen Stück Packpapier in den Maßen der Sperrholzplatte nachzeichnen und dabei ruhig der eigenen Phantasie freien Lauf lassen. Wenn Sie mit Ihrem Werk zufrieden sind, die Umrisse mit einem Bogen Transparentpapier abpausen und entlang der Außenkonturen eine Schablone ausschneiden. Diese auf das Sperrholz legen und die Konturen nachzeichnen, mit Kohlepapier die Binnenzeichnung übertragen. Das Sperrholzbrett mit der Stich- oder Laubsäge ausschneiden und die Kanten abschleifen.

Die Türverblendung nach der Vorlage mit dem Bastellack farbig ausmalen, dabei einzelne Farbtöne wie Hellblau, Braun und Grau durch Mischen herstellen. Abschließend mit weißer Farbe den Namen des Kindes auf das Segel oder den Schiffsrumpf schreiben.

Die so gestaltete Sperrholzplatte nun auf der Rückseite mit Holzleim bestreichen und auf die Türklappe der Wandkonsole aufkleben, dabei muß die Unterkante der Sperrholzblende genau mit der Klappenunterkante abschließen.

Die Blende mit Schraubzwingen anpressen und einige Stunden trocknen lassen. Damit der Farbauftrag durch die Schraubzwingen nicht beschädigt wird, einen kleinen Sperrholzrest unter die Zwingenbacken legen. Ist der Leim getrocknet, die Schraubzwingen lösen und die Blende zusätzlich von der Rückseite her durch kleine Schrauben fixieren.

Mit dem Holzbohrer Löcher für das Seil an der Schiffsreling bohren und das Seil hindurchziehen. In die Enden des Seils jeweils einen großen Knoten schlagen. Der Knoten in der Mitte der Klappe dient gleichzeitig als Griff zum Öffnen.

In den Boden von unten her mit ca. 3 cm Abstand zur Seite zwei Ringschrauben eindrehen. Dazwischen ein Seil spannen, die Enden jeweils rechts und links der Ringschrauben verknoten.

Alternativ kann ein Rundholz verwendet werden, das farblich passend lackiert und in die Ringschrauben geschoben wird. Das Rundholz durch kleine Schrauben rechts und links neben den Ringschrauben sichern, so daß es nicht herausrutschen kann.

LINDA

Delphin im Badezimmer

So wird´s gemacht

Ein Raster mit einer Kästchengröße von 10 x 10 cm auf Schnittpapier aufzeichnen. Den Delphin von der Vorlage auf dieser Seite in das Raster übertragen und ausschneiden. Anschließend auf dem Sperrholz die Kontur mit Bleistift nachzeichnen.

Den Delphin mit der Stich- oder Laubsäge ausschneiden, die Sägekanten mit dem Schleifpapier und dem Schleifklotz leicht anschrägen und dabei gleichzeitig glätten.

Nun den Delphin mit dem hellblauen Acryllack und dem breiten Flachpinsel einmal streichen. Wenn die Farbe gut getrocknet ist, das Schleifpapier über den Schleifklotz legen und entlang der Kanten die Farbe anschleifen, so daß das Sperrholz darunter teilweise wieder zum Vorschein kommt. Dabei darauf achten, daß die Farbe nicht gleichmäßig abgeschliffen wird – an manchen Stellen kann die Farbe auch stehenbleiben.

Auge und Maul des Delphins sowie das Rundholz mit dem mittelblauen Acryllack streichen. Für Auge und Maul empfiehlt es sich, einen dünnen Rundpinsel zu verwenden. Die beiden Ringschrauben an den markierten Stellen in den Delphin schrauben. Die Holzstange durch die Ringschrauben schieben.

In der Höhe der Ringschrauben auf der Rückseite des Delphins die Aufhängevorrichtungen mit kurzen Holzschrauben befestigen.

Material

12 mm starkes Sperrholz,
90 x 75 cm
50 cm langes Rundholz,
15 mm Ø
2 Ringschrauben
Mittel- und hellblauer
Acryllack
Mittleres Schleifpapier
Schnittpapier
2 Aufhängevorrichtungen
Kleine Holzschrauben

Werkzeug

Stich- oder Laubsäge
Schleifklotz
Breiter Flachpinsel
Dünner Rundpinsel
Bleistift
Schraubendreher

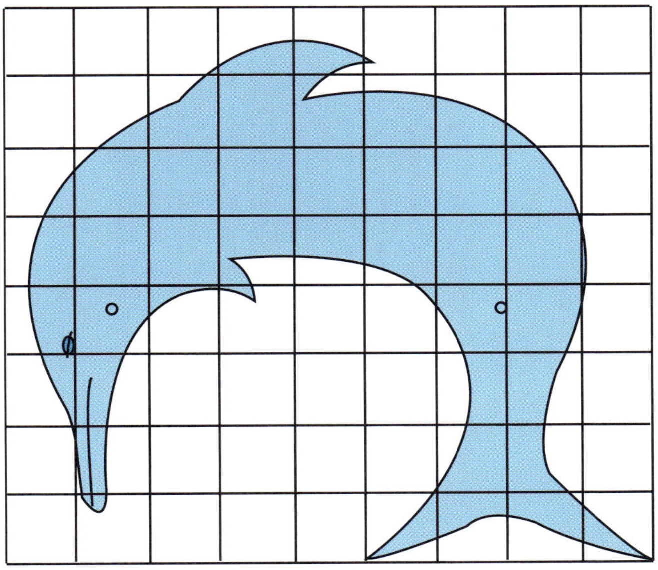

Seevogel mit Ordnungssinn

Material

2 cm starkes Fichtenleimholz, 65 x 35 cm
Metallkorb (Badeabteilung)
Holzschrauben
Aufhängevorrichtung
Acryllack: Weiß, Schwarz, Blau, Orange und Gelb
Packpapier
Kohlepapier
Schleifpapier

Werkzeug

Stichsäge
Flach- und Rundpinsel in verschiedenen Stärken
Bleistift
Schleifklotz
Schraubendreher
Schere

So wird's gemacht

Eine Möwe nach der Vorlage auf dieser Seite auf einen Bogen Packpapier in den Maßen der Holzplatte zeichnen. Den Vogel entlang der Kontur ausschneiden und auf das Fichtenleimholz legen. Die Kontur nachzeichnen und mit der Stichsäge aussägen. Das Schleifpapier um den Schleifklotz legen und die Sägekanten leicht anschrägen und gleichzeitig glätten.

Vorderseite und Kanten des Vogels auf der ganzen Vorderseite und an den Kanten mit weißem Acryllack streichen. Die Farbe gut trocknen lassen.

Die Packpapierschablone wieder auf den Vogel legen und mit Kohlepapier vorsichtig die Binnenzeichnung übertragen. Dabei darauf achten, daß keine ungewollten Kohlespuren durch Auflegen der Hände entstehen.

Die Farben am besten immer durch Beimischen von Weiß oder Schwarz abtönen, so wirken sie natürlicher und nicht zu grell.

Den Schnabel gelb ausmalen, dann mit Orange naß in naß hineinmalen. Das Auge zuerst ganzflächig gelb ausmalen, dann die schwarze Pupille mit einem weißen Lichtreflex hineinsetzen. Mit einem feinen Pinsel oder einem wasserfesten Filzstift die Augenform nachziehen.

Die Flügel zunächst ganzflächig grau und graublau ausmalen, zum Schluß die dunkelgrauen Ränder und einzelne Federn malen. Die Füße erst gelb, dann orange nachmalen.

Den Korb durch das Gitter mit zwei Schrauben so befestigen, daß er auf gleicher Höhe mit den Füßen abschließt.

Zum Schluß die Aufhängevorrichtung auf der Rückseite des Vogels anschrauben.

IMPRESSUM

Augustus Verlag Augsburg 1998

Fotografie: Klaus Lipa, Augsburg
Lektorat: Norbert Pautner, München
Umschlaggestaltung: Heidi Grund-Thorpe unter Verwendung einer Reihengestaltung von Christa Manner, München

Layout und Satz: Grund-Thorpe-Design, Schweitenkirchen
Herstellung: Charmaine Müller

Reproduktion: PHG Lithos, München
Druck und Bindung: Appl, Wemding

Gedruckt auf 115 g umweltfreundlich chlorfei oder elementar chlorfrei gebleichtem Papier.

ISBN 3-8043-0587-3
Printed in Germany

Die Deutsche Bibliothek – CIP-Einheitsaufnahme
Maritime Deko-Ideen für drinnen und draußen :
einfach selber machen ; mit Motiven und Vorlagen/
Heidi Grund-Thorpe. [Fotogr.: Klaus Lipa].
– Augsburg : Augustus-Verl., 1998
ISBN 3-8043-0587-3